SITZUNGSBERICHTE DER DEUTSCHEN AKADEMIE
DER WISSENSCHAFTEN ZU BERLIN

Klasse für Medizin
Jahrgang 1963 Nr. 2

HELMUT KRAATZ

MEDIZIN ALS NATURWISSENSCHAFT

Mit 20 Abbildungen

AKADEMIE-VERLAG · BERLIN
1963

Vorgetragen von Hrn. KRAATZ am 4. Juli 1963 anläßlich des Leibniz-Tages
Zum Druck genehmigt am gleichen Tage, ausgegeben am 5. 11. 1963

Redaktion: Abteilung Presse und Berichtswesen
der Deutschen Akademie der Wissenschaften zu Berlin
Erschienen im Akademie-Verlag GmbH, Berlin W 8, Leipziger Straße 3—4

Lizenznummer: 202 · 100/856/63
Gesamtherstellung: Druckhaus „Maxim Gorki“, Altenburg
Bestellnummer: 2010/63/IV/2 · ES 17 A, 18 A · Preis: DM 6,—

Meine Damen und Herren!

Ein Leibniz-Vortrag in der Festsitzung der Akademie stellt mich vor drei Probleme, deren Lösung nicht einfach ist.

Das erste davon betrifft die Wahl eines Themas, das seinem Inhalt nach dem Ansehen ihres Gründers und dieser Veranstaltung gerecht wird.

Das zweite liegt in der Darstellung eines Stoffes, der fachlich aktuell, zugleich ohne zu viele erklärende Praemissen allgemein verständlich und aus dem Interessengebiet der Klasse für Medizin entwickelt sein soll.

Das dritte Problem ergibt sich aus dem geradezu evolutionären Aufbruch der medizinischen Wissenschaft und aus der Flut neuer Erkenntnisse, die es dem Einzelnen schwermachen, am Strom der Entwicklung einen festen Uferplatz zu finden, von dem aus eine Beurteilung möglich ist.

Man kann das eigentlich nur aus der Sicht des eigenen Faches. Das will ich versuchen, indem ich einige Gesichtspunkte der modernen Frauenheilkunde als Paradigma in Beziehung setze zu der Entwicklung der Medizin als einer Naturwissenschaft überhaupt. So wird also der erste Teil meiner Ausführungen zum Beweismaterial für die Schlußfolgerungen des zweiten Teiles.

Gegen Ende des 17. Jahrhunderts vertrat LEIBNIZ die Auffassung, das menschliche Individuum sei im Spermatozoon, der männlichen Samenzelle, vorgeformt.

SWAMMERDAM, MALPHIGI, BONNET, VON HALLER und SPELLMANN behaupteten dagegen, daß es gerade das Ei wäre, in dem die Nachkommen bereits voll ausgebildet vorhanden seien.

Man sollte sich hüten, diesen Streit auf dem Felde der sogenannten Praeformationstheorie aus unseren heutigen Erkenntnissen heraus zu belächeln. Gegensätzliche Auffassungen haben in der Naturwissenschaft die Wahrheit nicht verschleiert, sondern eher gefördert, und manche Hypothese ist erst durch die Entwicklung der Technik in objektive Erkenntnisse umgemünzt worden. So waren auch die Vorstellungen der Praeformationstheoretiker an zwei bis dahin unbekannte Voraussetzungen geknüpft:

1. 1672 stellte der holländische Arzt REINIER DE GRAAF eine starke Ähnlichkeit zwischen Vogeleiern und Eifollikeln im Kaninchen mit dem Vergrößerungsglas fest. Die eigentliche Entdeckung des Säugetiereies gelang freilich erst KARL-ERNST VON BAER im Jahre 1827.
2. 1677 beobachtete der Student JOHAN HAM in Leyden zum erstenmal die menschliche Samenzelle mit dem Mikroskop.

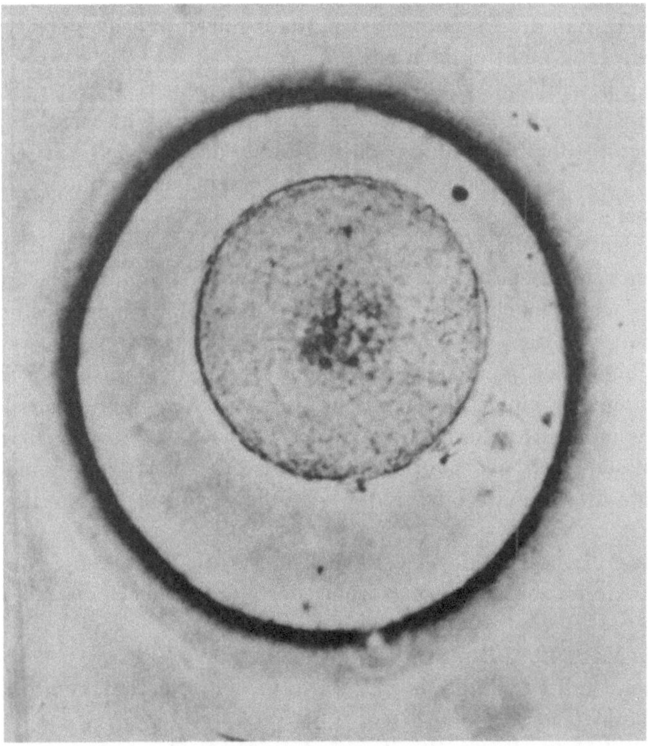

Abb. 1
Das menschliche Ei im Original aufgenommen

Die beiden Grundzellen menschlicher Entwicklung in einer einfachen Übersicht veranschaulichen die Abbildungen 1 und 2.

Die reife *Eizelle* hat einen Durchmesser von 0,1 bis 0,3 mm und ist damit die größte Zelle des menschlichen Körpers. Wir unterscheiden an ihr Kern, Plasma und Zellmembran.

Die reife *Samenzelle* ist 50 bis 60 μ lang. Ihre Form entspricht nicht dem allgemein bekannten Prototyp einer Zelle, wie sie etwa die Kugelgestalt der Eizelle wiedergibt.

Eine einfache Darstellung der Entwicklung von der Ursamenzelle zur befruchtungsfähigen Spermatogonie klärt aber auf, daß es sich bei ihr nicht anders verhält (Abb. 3).

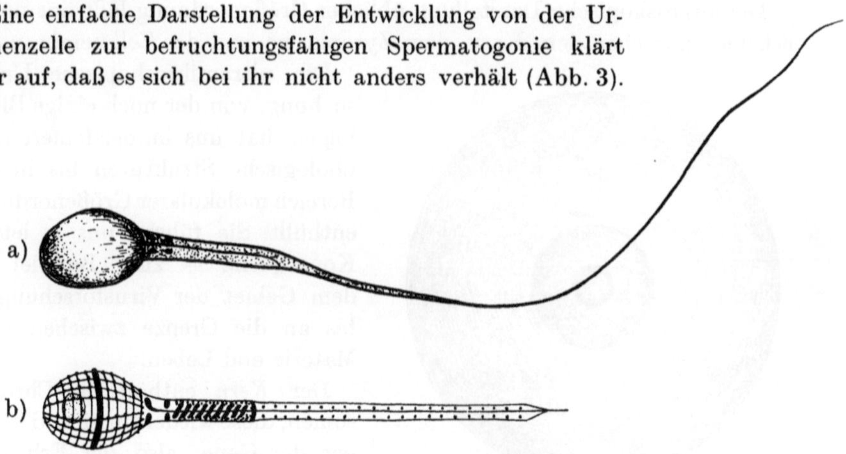

Abb. 2. Samenzelle des Menschen
a) Original b) schematischer Aufbau

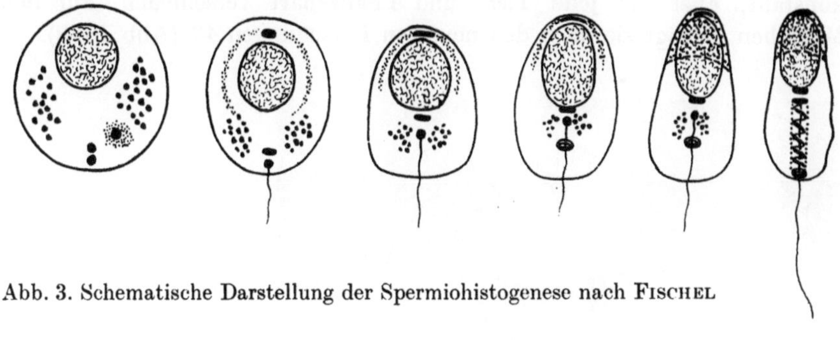

Abb. 3. Schematische Darstellung der Spermiohistogenese nach Fischel

Der Kern als wichtigster Bestandteil rückt an die Spitze der Zelle als Kopf, aus den Zentriolen am Halsteil entwickelt sich der für die Beweglichkeit notwendige Achsenfaden. Die wichtigen Mitochondrien und die Mikrosomen, auf die ich später noch eingehe, finden wir als Spiralfaden bzw. im Mittelstück und im Schwanzteil wieder. Diese Umformung dient der aktiven Rolle der Samenzelle bei der Befruchtung.

Beide Zellen lassen sich also auf den Grundtyp der Zelle zurückführen und erlauben damit bis zu einem gewissen Grad einen Überblick über den Bau der menschlichen Zelle überhaupt (Abb. 4).

Die mikroskopische Darstellung üblicher Größenordnung läßt uns unterscheiden zwischen dem Kern, dem Zytoplasma und der Zellmembran.

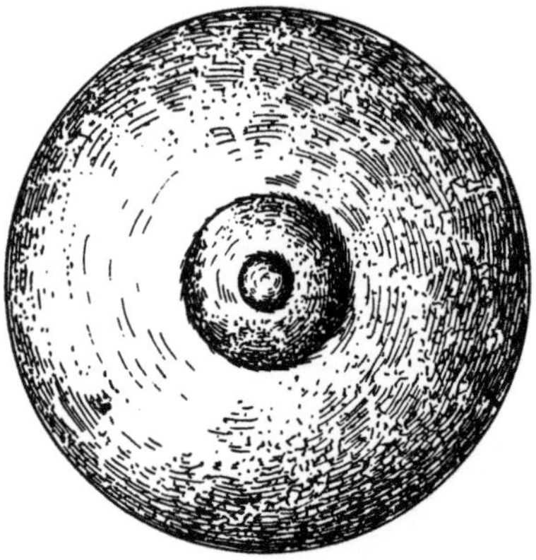

Abb. 4. Prototyp der Zelle nach LUDWIG SEITZ

Die ultramikroskopische Untersuchung, von der noch einige Bilder folgen, hat uns immer feinere morphologische Strukturen bis in den Bereich molekularer Größenordnung enthüllt. Sie führen uns in letzter Konsequenz — zum Beispiel auf dem Gebiet der Virusforschung — bis an die Grenze zwischen toter Materie und Leben.

Der *Kern* enthält die Chromosomen, diese wiederum sind die Träger der Gene, also der Erbwerte, die nach den MENDELschen Erbgesetzen übertragen werden. Die Zahl der Chromosomen ist — von gewissen Ausnahmen abgesehen — konstant, aber für jede Tier- und Pflanzenart verschieden. Für den Menschen beträgt sie nach den neuesten Forschungen 46 (Abb. 5—8).

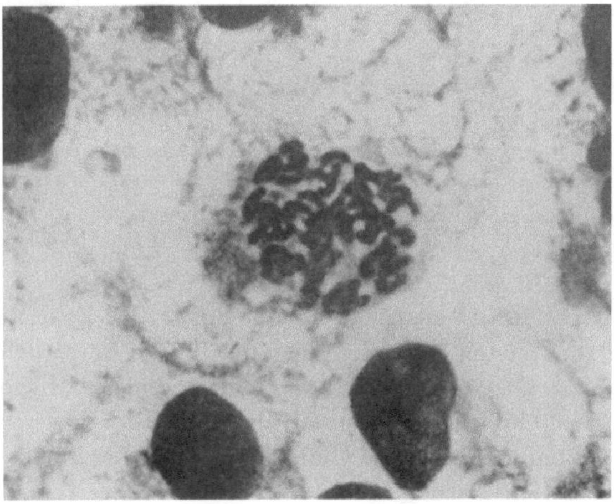

Abb. 5
Chromosomensatz üblicher lichtmikroskopischer Größenordnung nach GROSSER, Vergr. 1000fach

Das *Zytoplasma* ist keine amorph-homogene Masse, wie man lange Zeit angenommen hatte, sondern zeigt ein feingliedriges Netzwerk fadenförmiger Maschen, in denen sich noch andere morphologisch faßbare Bestandteile finden: die 0,5 bis 4 μ langen Mitochondrien und die sogenannten Cytosomen, Microbodies und Lysosomen, die in Beziehung zur Mitochondrienneubildung stehen. In den Mitochondrien wiederum sind radiär gestellte Gebilde erkennbar, die sogenannten Cristae mitochondriales, die als Sitz der Enzyme gedeutet werden (Abb. 9—11).

So enthüllt sich dem elektronenoptisch bewaffneten Auge eine Struktur nach der anderen bis in die kleinstmöglichen, vorstellbaren und erfaßbaren Größenordnungen hinein. Das Ganze erinnert an jenes Spielbaukastenprinzip, bei dem in jedem Würfel ein neuer steckt, der das Staunen des spielenden Kindes erweckt.

Die *Zellmembran* ist ein Differenzierungsprodukt des Zytoplasmas und enthält Eiweiß und Fette (Proteine und Lipoide). Sie ist nach dem Prinzip der „gesinterten Kugelfolie" gebaut, kann rasch umgebaut werden und enthält reichlich Fermente (Mucoproteide) (LEHMANN) (Abb. 12).

Man kann gerade aus der letztgezeigten Abbildung ablesen, daß kaum von einer Grenzschicht als vielmehr von einem aktiven Element des Stoffaustausches gesprochen werden kann.

In einer etwas kühnen, aber nicht ganz unberechtigten Analogie zu einem Aphorismus GOETHES, der in Wilhelm Meisters Lehrjahren einmal behauptet, „der Mensch ohne Hülle ist eigentlich der Mensch", könnte man fast sagen: Die Zelle ohne Hülle ist eigentlich die Zelle in ihrer Dynamik.

Um die Rätsel des an den Stoffwechsel gebundenen Lebens zu lösen, genügt jedenfalls die Aufhellung morphologischer Strukturen allein nicht, hier sind auch die dynamischen Funktionen chemischer Korrelationen zu erforschen. Sie sind zu einer Einheitsleistung zusammengefaßt, die sie nur zum Teil durch Diffusion, in der Hauptsache durch aktive Bewegung und Funktion vollbringen.

Halten wir hier einmal einen Augenblick inne, um aus den bisherigen Ausführungen einige allgemeine Schlußfolgerungen zu ziehen:

Morphologie und Funktion

Zunächst zur Frage Morphologie und Funktion.

Es ist allgemein bekannt, daß die Medizin in ihrer historischen Entwicklung mehrmals streng zwischen den morphologischen und funktionellen Betrachtungen gewechselt hat. Heute wissen wir, daß Einseitigkeiten vielleicht den Umfang unserer Kenntnisse auf bestimmten Gebieten zu vertiefen vermögen, daß sie aber der Gesamtkonzeption wissenschaftlicher

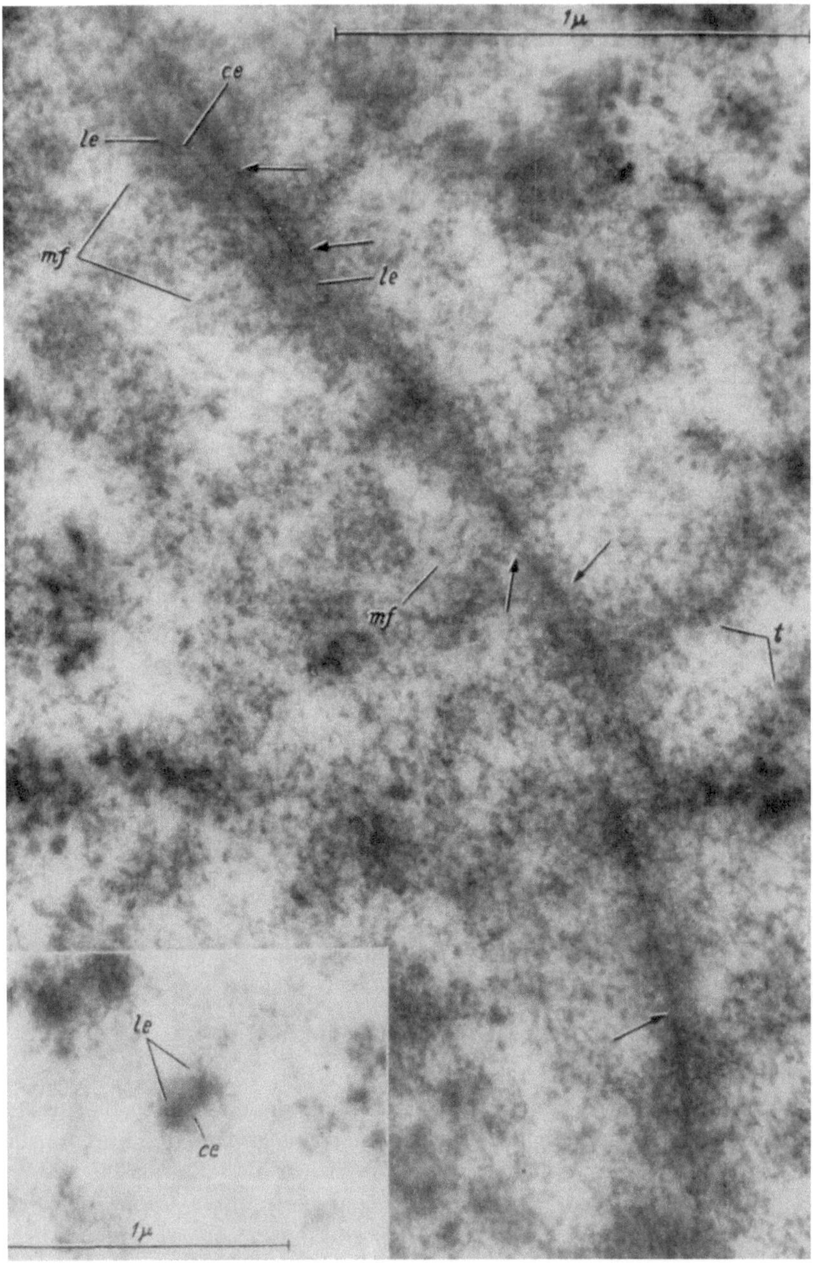
1μ
ce
le
mf
le
mf
t
le
ce
1μ

Abb. 6. Prophasen-Chromosom eines primären Spermatocyten. Deutlich sichtbarer axialer (synaptinemaler) Komplex. Zwei parallele dicht filamentöse Gebilde (*le*) liegen beiderseits eines zentralen Elementes (*ce*). In der Nähe der lateralen Elemente gedrehte Mikrofibrillen 50—100 Å im Durchmesser. Der Ausschnitt zeigt einen Querschnitt durch den axialen Komplex. Die lateralen Elemente (*le*) und das Zentralelement (*ce*) sind als dichte runde Punkteansammlungen erkennbar, in denen sich z. T. noch die filamentösen Strukturen erkennen lassen. (H. DAVID — aus dem Pathologischen Institut der Humboldt-Universität zu Berlin; Direktor: Prof. Dr. L.-H. KETTLER.)

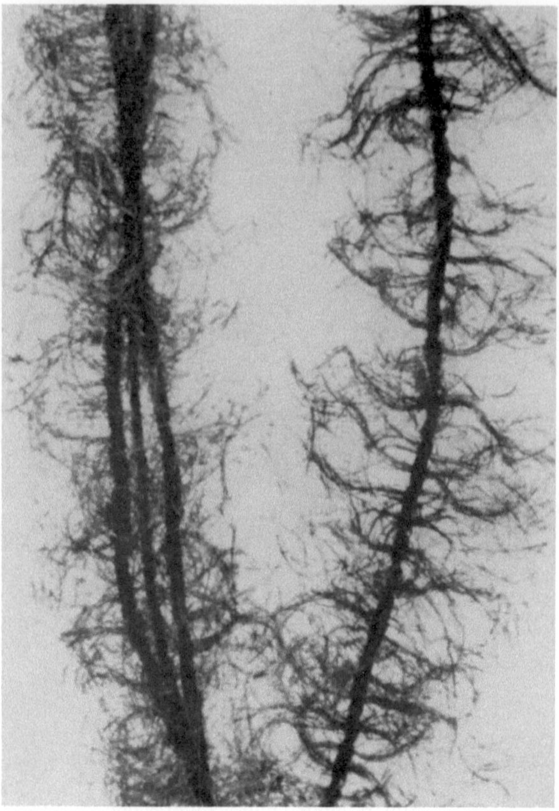

Abb. 7 Elektronenmikroskopisches Modell der Struktur eines Meiose-Chromosoms

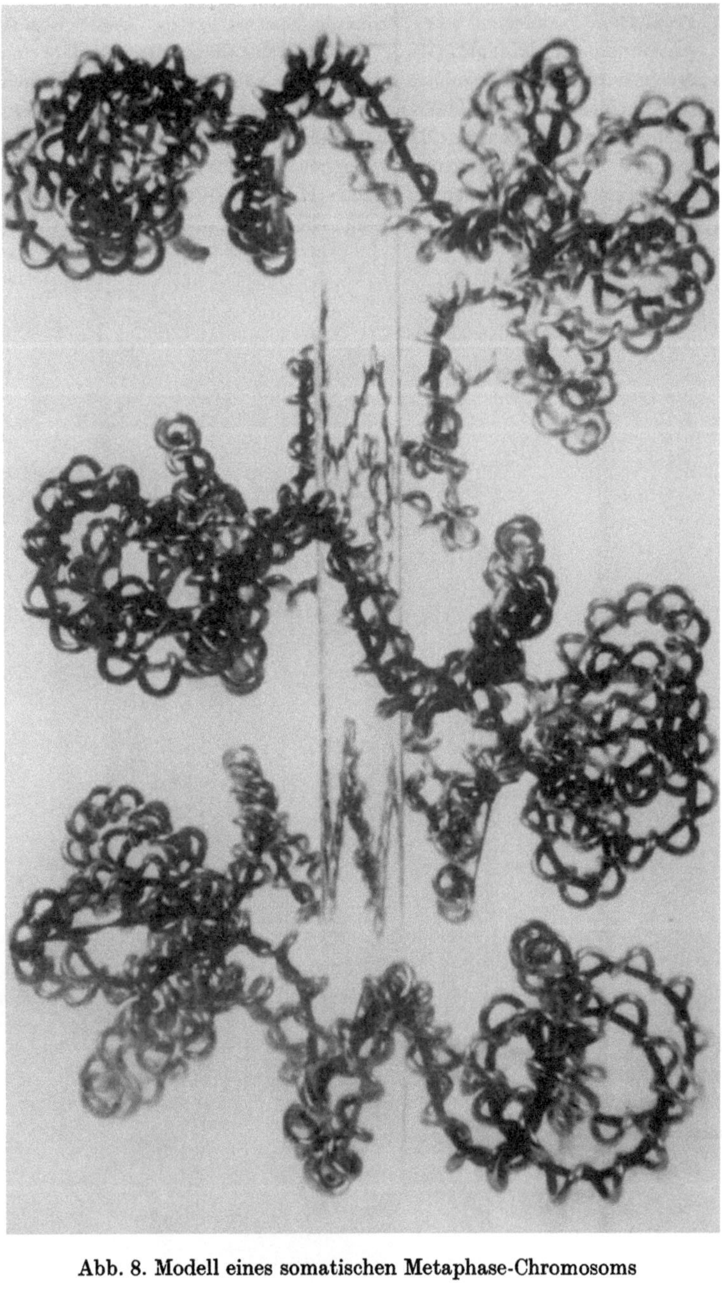

Abb. 8. Modell eines somatischen Metaphase-Chromosoms

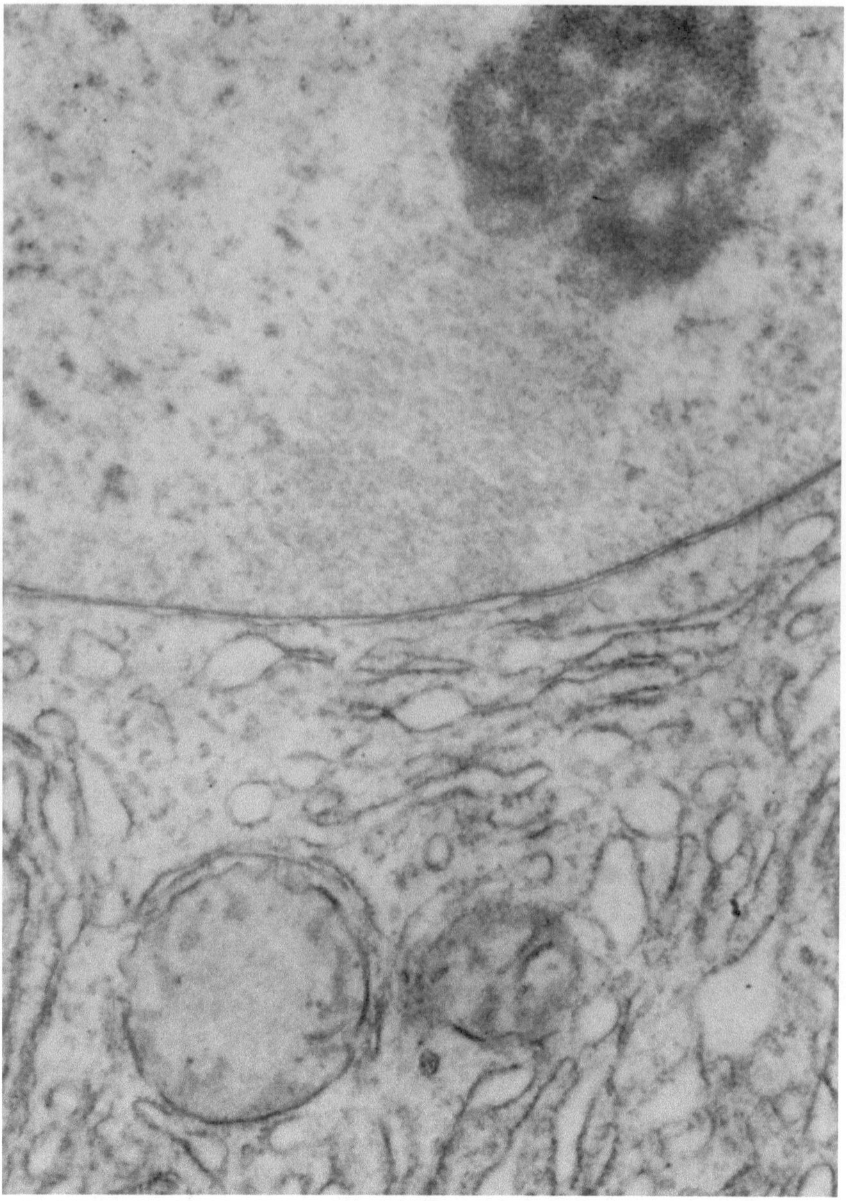

Abb. 9. Ausschnitt aus einer Leberzelle. Im oberen Bildteil angeschnittener Kern mit Nucleolus, von dem sich ein Granulastrom zur Kernmembran ergießt

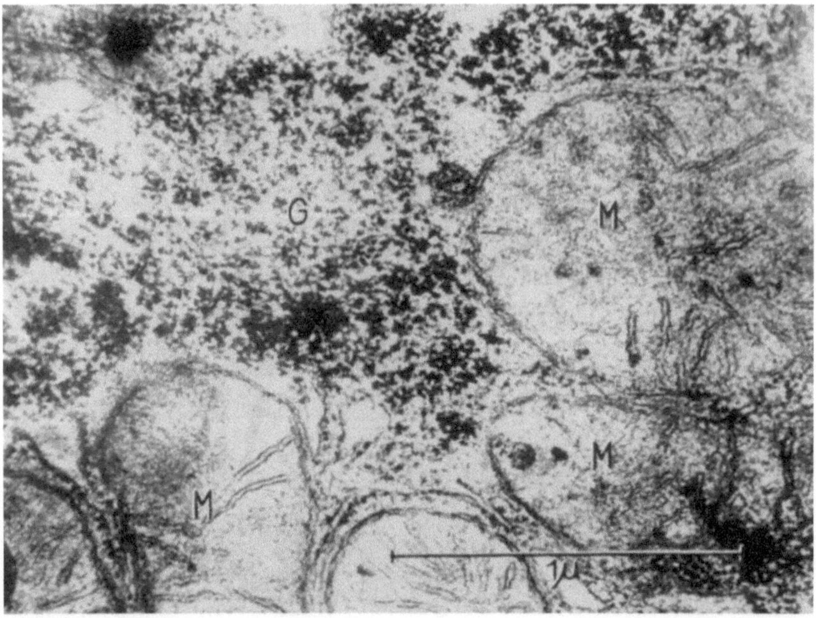

Abb. 10. Ausschnitt aus einer Leberzelle. Zwischen den Mitochondrien (M) ein mit spezifischen Methoden nachgewiesenes Glykogenareal, das aus kleineren Granula zusammengesetzt ist

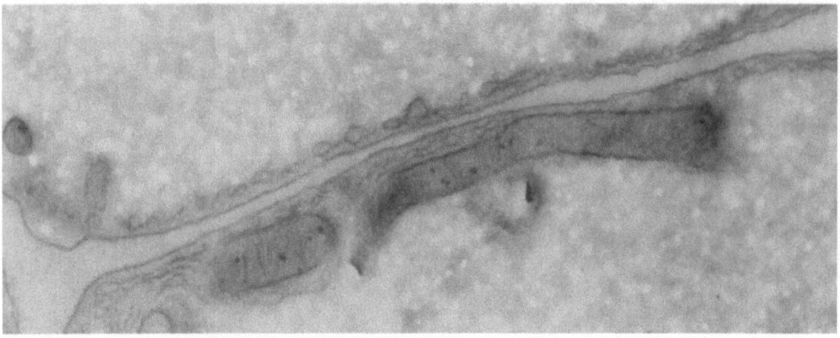

Abb. 11. Breiter Interzellularraum zwischen zwei Parenchymzellen der Goldfischleber. Parallel zu der Zellmembran längliche oder ovale bis runde Bildungen des endoplasmatischen Reticulum. Außerdem sind fadenförmige Mitochondrien nahe der Zellmembran angeordnet. Das übrige Grundplasma enthält in der Umgebung der Zellmembranen keine Organellen

Erkenntnisse nicht förderlich sind. Erst die moderne Entwicklung der Zellforschung mit ihrer Fixierung funktioneller Vorgänge an morphologisch faßbare Gebilde erlaubt klare Vorstellungen über biologische Funktionsabläufe.

Der pathologische Anatom spricht von dynamischer Morphologie, der Gynäkologe SEITZ von einer physozellulären Einheit.

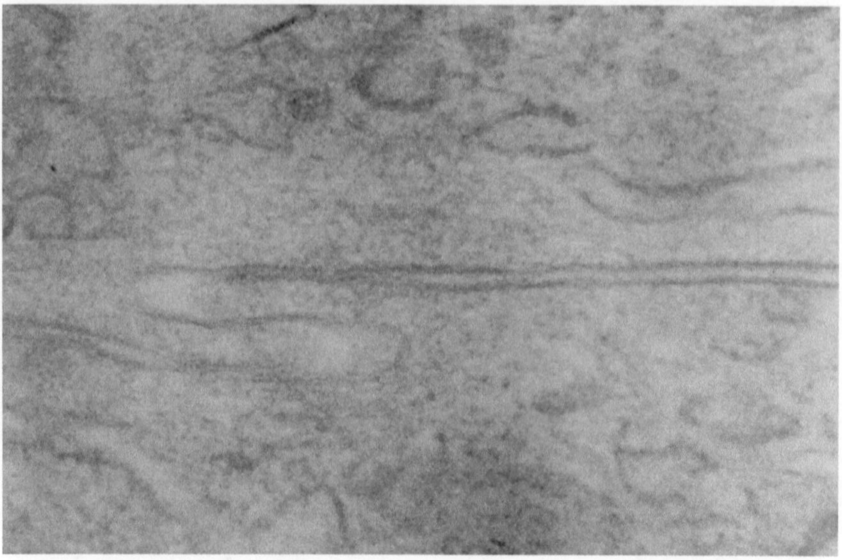

Abb. 12. Grenzgebiet zwischen zwei Leberparenchymzellen des Kaninchens. Faltungen der Zellmembran. Deutlich sichtbarer dreischichtiger Aufbau der Einzelmembran mit etwa 20 Å breiten osmiophilen Außenschichten und etwa 35 Å breiter osmiophober Zwischenschicht. Gesamtvergrößerung 150000fach

Ich habe die Angriffe gegen die reine Morphologie niemals verstehen können, weil meiner Ansicht nach selbst in der abstrakten Wissenschaft bestimmte Denkvorgänge nicht ohne Modellvorstellungen ablaufen. Es war GOETHE, der den Begriff der Morphologie als Lehre von der Gestalt, Bildung und Umbildung organischer Körper, der Pflanzen und Tiere eingeführt hat und sie sogar auf geistige und kulturelle Gebilde und Strukturen ausgedehnt wissen wollte. Es ist interessant zu hören, daß die Philosophie den Begriff der Morphologie als den der Wissenschaft von den dynamisch-ganzheitlichen Gestalten, besonders der Lebewesen und ihrer Entwicklung, betrachtet.

Haben wir Naturwissenschaftler einen Grund, uns von diesen Ansichten zu distanzieren?

Ganz gewiß nicht, sie sind die Grundlage unserer letzten Erfolge und zugleich ein Hinweis darauf, daß die Dynamik der Forschung schon auf der ultramikroskopischen Ebene der Zellforschung ein Kollektiv von Morphologen, Physiologen und Biologen erfordert.

Genetik

Die Forschung der Humangenetik in den letzten 15 bis 20 Jahren ist z. B. ein deutlicher Beweis für die eben vorgetragenen Anschauungen.

Denn die wichtigste Erkenntnis ist die Identifizierung der stofflichen Natur der Gene oder Erbanlagen.

Hier hat sich die zytologische Technik mit der Biochemie verbunden und die morphologischen Fragen der Qualität, der Quantität der Chromosomen und ihrer Aberrationen wie die Bedeutung der im Zellkern lokalisierten Desoxyribonucleinsäure als Träger der genetischen Informationen aufgedeckt. Die Gene beeinflussen die Synthese und die Aktivität von Fermenten. Diese wiederum katalysieren die Biosynthese. Fermente bestehen aus Eiweiß, und dessen Spezifität wird wesentlich durch die Sequenz der Aminosäuren im Eiweißmolekül bestimmt.

An der Spitze dieses Reaktionsablaufes steht also die Desoxyribonucleinsäure. Ihr Molekül besteht aus einer Kette von Nucleotiden, die sich ihrerseits aus je einem Molekül Phosphorsäure, Desoxyribose und einer von vier Stickstoffbasen (Adenin, Guanin, Thymin oder Cytosin) zusammensetzen.

Die Phosphorsäure- und Zuckermoleküle sind innerhalb des Desoxyribosenucleinsäuremoleküls identisch. Die einzelnen Nucleotide unterscheiden sich also nur in den Stickstoffbasen. Diese Stickstoffbasen sind als Elemente eines Informationssystems aufzufassen, das man sich wie beim Morsesystem aus „Wörtern" mit je drei „Buchstaben" bestehend vorstellen kann. Ein solches „Wort" oder ein Triplet aus drei Stickstoffbasen bestimmt den Einbau einer Aminosäure in ein Polypeptid. Wird innerhalb eines solchen Triplets eine der Stickstoffbasen verändert, so entsteht ein neues Triplet, das den Einbau einer anderen Aminosäure an Stelle der „normalen" hervorruft.

Solche Vorkommnisse mutativen Austausches von Aminosäuren sind beim Menschen bei der Haemoglobinbildung, aber auch bei verschiedenen Viren, Phagen und Bakterienproteinen festgestellt worden.

Man wird also den Fragen des Nucleinsäurestoffwechsels und der Eiweißsynthese auf biochemischem Gebiet in der Zukunft nicht nur im Experiment, sondern auch in der klinischen Medizin seine ganze Aufmerksamkeit schenken müssen. Das aber gerade führt mich an den Kernpunkt, um dessentwillen ich mir diese detaillierten Ausführungen erlaubt habe.

Wer steht diesen Problemen in zeitlicher Hinsicht näher als der Geburtshelfer, der die Entwicklung von der Konzeption an zu überwachen hat. Ich bin überzeugt, daß hier der Ausgangspunkt einer Neuorientierung meines Faches auf die Grundlagenforschung zu erblicken ist, weil von hier an die großen Fragenkomplexe der Sterilität, der Fehlgeburtenursachen, der Mißbildungsursachen, der perinatalen Sterblichkeit überhaupt, um nur einiges zu nennen, ein ganz anderes Gesicht bekommen. Ich werde darauf noch eingehen.

Da an diese Vorgänge Funktionsänderungen oder ein Funktionsausfall gebunden sind, entdecken wir hier die Quelle bestimmter Erbkrankheiten.

Beladen mit diesen Aspekten, hat der Gynäkologe jedenfalls die Vereinigung der Ei- und Samenzelle zu betrachten.

Beide Zellen unterliegen dabei besonderen Gesetzen, von denen das wichtigste die sogenannte Reduktionsteilung ist. Bevor es zur Befruchtung kommt, wird in jeder dieser beiden Zellen die Zahl der Chromosomen auf die Hälfte, also 23, reduziert. Die Geschlechtschromosomen unterliegen dabei einer besonderen Differenzierung, die der Geschlechtsbestimmung dient.

Die Affinität der männlichen zur weiblichen Keimzelle ist mechanischen, chemotaktischen und sogar morphologisch faßbaren (s. Empfängnishügel) Einflüssen zuzuschreiben, die eine gewisse Zielstrebigkeit erkennen lassen. Vielleicht unterliegt sie noch anderen Faktoren, die wir ebensowenig kennen wie jene, die ihre Wirte sich suchen und zueinander finden lassen.

Es sind die wichtigen Pflichten in der Welt, die die Fortdauer des Menschengeschlechtes befördern und durch die wir uns selbst zu erhalten versuchen.

So hat sich LICHTENBERG ausgedrückt. Zyniker, der er war, hat er sofort ironisch hinzugefügt, daß wir zu keiner unserer Pflichten durch so reizende Mittel gezogen würden als zu diesen beiden.

In der Tat! — Die Reize dieses Kontaktes sind heute auf der mikrobiologischen Ebene jedenfalls leichter zu analysieren als auf jener unserer makrobiologischen Beziehungen. Diese sind — das wissen wir alle — eher von unserem Gefühl als von unserem Verstand abhängig.

Begriff der Bipolarität als Ausdruck des Lebens

Für uns sind diese Fragen nur insofern von Bedeutung, als der Begriff der Bipolarität eine wichtige Voraussetzung für die Entstehung und Fortpflanzung des Lebens, für das Leben überhaupt und seinen Inhalt ist.

Überall stoßen wir auf das dualistische Prinzip: von morphologischen und funktionellen Gegensätzlichkeiten der Zelle bis zur Geschlechtsdifferenzierung, von der organischen zur anorganischen Natur, von der Natur-

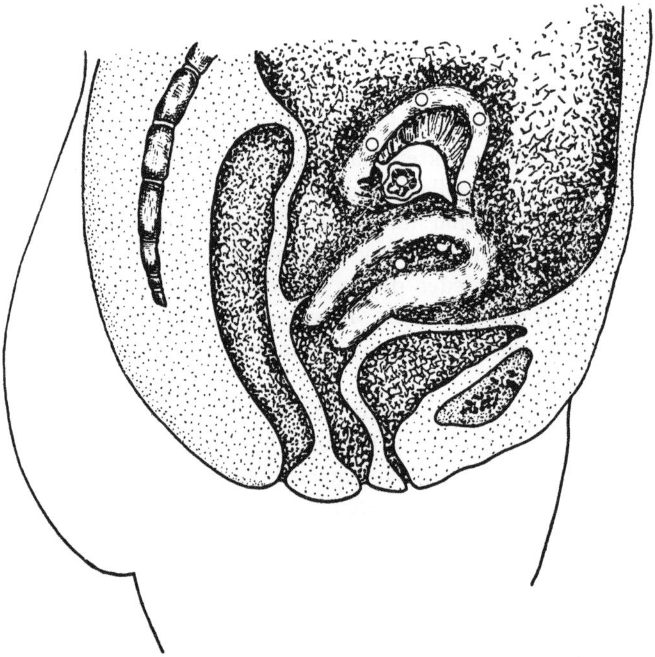

Abb. 13. Eiauffangmechanismus, modifiziert nach FALIS und HOLT

wissenschaft zur Gesellschaftswissenschaft bis in die philosophische Welt metaphysischer und erkenntnistheoretischer Vorstellungen, um deren Synthesis sich Hegel — im Sinne des Idealismus — bemühte, und die Lenin — auf der Grundlage des Materialismus — zur Synthesis bringen konnte.

Entschuldigen Sie den Ausflug in die philosophische Welt. Er gehört auch zum medizinischen Denken, aber in anderer Beziehung als unsere heutige Thematik. Wir bleiben bei der Naturwissenschaft und bei unserem

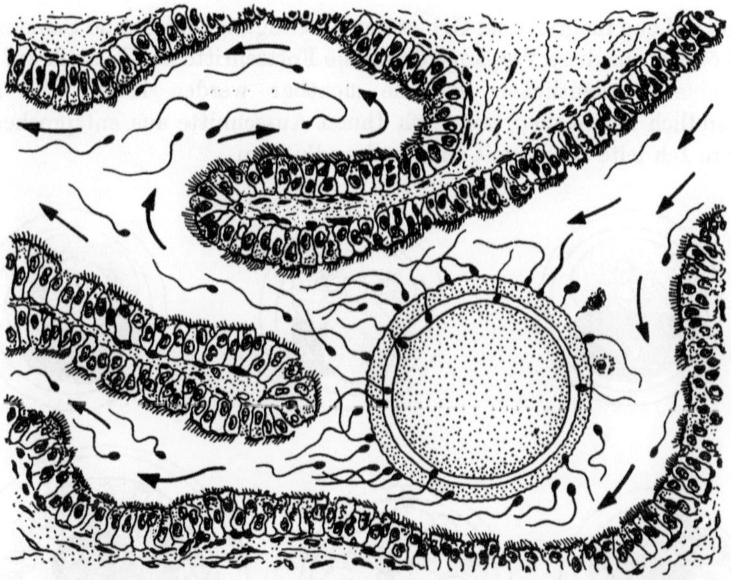

Abb. 14. Begegnung von Sperma und Ei in dem Eileiter. Eindringen einer Spermie in das Ei; aus MARTIUS

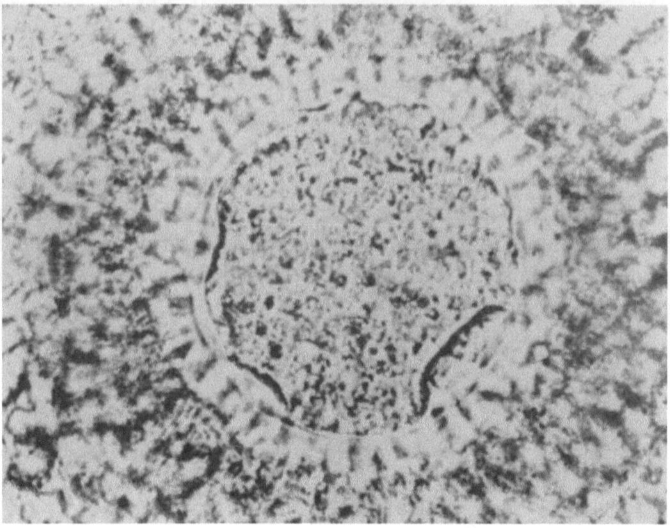

Abb. 15. „Schreckreaktion" eines Eies (chemische Blockreaktion im Augenblick des Eintritts des Spermas); aus einem Film der Univ.-Frauenklinik Berlin von FROMMOLT und REINICKE

Thema auf eng umgrenztem Gebiet der Vereinigung von Ei und Samenzelle. Wir können uns diese Vorgänge durch die Fortschritte der Technik auf dem Filmgebiet verdeutlichen und sie sichtbar werden lassen. Um mich verständlich zu machen, zeige ich Ihnen Ausschnitte aus entsprechenden Filmen. Ich leite sie ein mit einigen Standbildern.

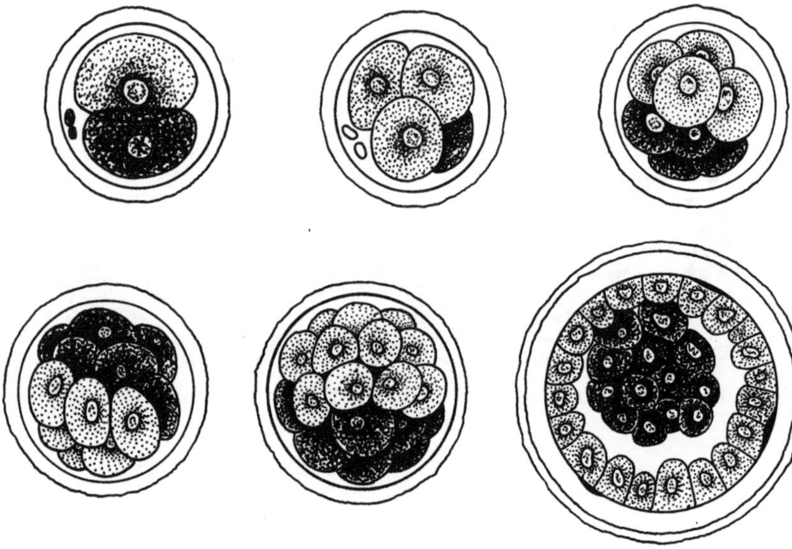

Abb. 16. Zellteilung nach VAN BENEDEN; aus BUMM

Zunächst die elektronenmikroskopischen Bilder von Ei und Samenzelle, dann den Eiauffangmechanismus durch den Eileiter, das Eindringen des Samenfadens in das Ei, zugleich eine Demonstration der unterschiedlichen Größenverhältnisse beider Zellen, und schließlich die Zellteilung, die zum Aufbau der Frucht führt (Abb. 13—17).

Film

In dem ersten Teil sehen Sie die mit Methylenblau gefärbten Eizellen der Ratte auf ihrem Weg in die Eileiter. Dieser Vorgang ist mechanisch und chemotaktisch zu verstehen. Mechanisch insofern, als zu dem Zeitpunkt des Eisprunges

1. die Eileitermündung dem Eierstock genähert und für den Eiauffangmechanismus durch Blutfülle und Erektion besonders vorbereitet worden ist,

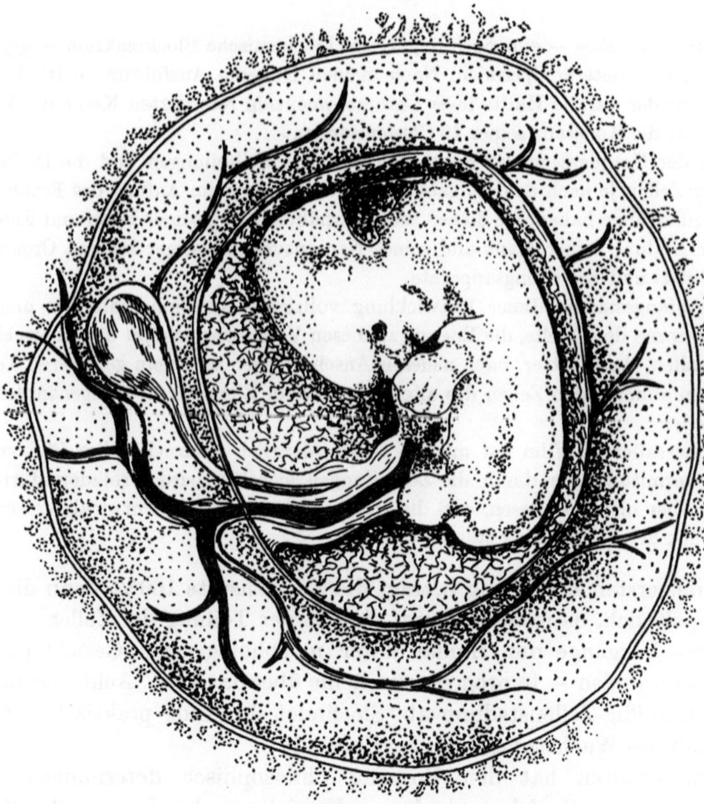

Abb. 17. Etwa 5 Wochen alter Embryo. Man erkennt an dem 15,5 mm langen Embryo die Anlage von Kopf, Augen, Extremitäten. Nach einer Skizze von M. Voit in 5facher Vergrößerung gezeichnet; aus Martius

2. eine Sogkraft des intratubaren Flüssigkeitsstromes entsteht, der durch Strudelbewegung der inneren Auskleidungszellen des Eies uterinwärts gerichtet ist.

Darüber hinaus spielen sicher noch chemotaktische Vorgänge eine Rolle, die vom Ei und Sperma aus so determiniert werden können, daß der bis dahin anaerobe Stoffwechsel schon aus biologischen Gründen der begrenzten Lebensfähigkeit beider Zellen zu einer möglichst schnellen Kontaktaufnahme führen muß. Ihre Vereinigung führt zu der Entwicklung des Eies, die ihm innerhalb von 7 Tagen die Nidation im mütterlichen Gewebe, damit die Eröffnung seiner Blutbahnen und den aeroben Stoffwechsel garantiert.

In dem zweiten Teil sehen wir das eigentliche Eindringen des Spermas in das Ei beim Kaninchen, die *Imprägnation*. Deutlich erkennbar ist die „Schreckreaktion" im Bereich der Zona pellucida. Sie ist der sichtbare Ausdruck für die funktionelle

Abriegelung des Eies — eine noch ungeklärte biochemische Blockreaktion — gegen die Imprägnation weiterer Spermien. Nach meinen früheren Ausführungen ist die Konjugation beider auf die Hälfte ihrer Chromosomenzahl reduzierten Kerne die Voraussetzung für die Konstanz seiner 46 Chromosomen.

Nach der Konjugation der Kerne beginnen die Zellteilungen und die Differenzierung der Zellen je nach den Aufgabengebieten, die sie beim Aufbau des Embryo und Foeten zu erfüllen haben. Sie dienen seiner Ernährung und seiner Form und Funktion, also der Bildung seiner Haut und seines Nervensystems, seiner inneren Organe und seiner Stütz- und Bewegungsapparate.

Die Anfangsstadien dieser Entwicklung vollziehen sich innerhalb der ursprünglichen Grenzen der Eizelle, die Energie zu diesen Vorgängen schöpft das Ei aus eigenen Kraftquellen, dem Dotter, nach neueren Anschauungen zu einem geringeren Teil aus den ihnen anhaftenden Zellen des alten Eibettes im Eierstock, den sogenannten Granulosazellen.

Der Zeitraffer im Film hat uns ein außerordentlich eindrucksvolles Bild von der Potenz vermittelt, die durch die Zellteilungen sichtbar wird. Trotzdem dürfen wir darüber aber nicht vergessen, daß die Intensivitätskurve der Entwicklung von dem Augenblick der Befruchtung ständig absinkt.

Mit der ersten Zellteilung beträgt die Zuwachsrate 100%, denn die Zelle verdoppelt sich, dann aber nimmt sie mit der Teilung der Zellen — wenn wir diese Vorgänge nur einmal unter morphologischen Gesichtspunkten betrachten wollen — in progressiver Reihe über das Vier-, Acht-, Sechzehn-, Zweiunddreißig-Zellenstadium ab. Sie findet ihr Ende praktisch mit dem Abschluß des Wachstums, also der Pubertät.

SCHOPENHAUER hat den Vorgang philosophisch determiniert: „Die Zeugung ist der Gipfel, nach dessen Erreichung das Leben schnell oder langsam sinkt ...“

Die Regenerationsfähigkeit der Zellen wird mit zunehmendem Alter immer schwieriger, für manche — allerdings kernlose Zellen, wie die des Zentralnervensystems — wird sie bedauerlicherweise sogar unmöglich.

Ich brauche nicht zu fürchten, hier mißverstanden zu werden. Alle bisherigen Feststellungen beziehen sich selbstverständlich nur auf die organisch-biologische Entwicklung. Die geistige Entwicklung folgt anderen, weiträumigeren Gesetzen nach Zeit, Maß und Verlauf. Sie ist an die Selbstbestimmung, die Empfindungsfähigkeit, das Existenzgefühl, die Kraft des Handelns und der Ideen gebunden und führt schließlich zur Entwicklung des Denkens und des Verstandes (LAMARCK). Sie zeigt durch Schulung und wachsende Erfahrung einen progressiven Kurvenverlauf.

Aber allein die unterschiedliche Perzeptionsfähigkeit in den verschiedenen Lebensaltern macht ihre Abhängigkeit von den biologischen Voraussetzungen deutlich.

Vergegenwärtigen wir uns noch einmal die Vorgänge im Film, dann können wir uns leicht vorstellen, daß äußere Störungen in ihrem Ablauf zu Komplikationen führen können, von denen Sie schon gehört, die Sie vielleicht sogar im eigenen Familienkreis erlebt haben: Bei zu früher Nistung des Eies im Eileiter kommt es zur Bauchhöhlenschwangerschaft, bei zu später Nistung zur Placenta praevia oder zu Nachgeburtsstörungen überhaupt. Innere Störungen bei der Vereinigung beider Zellen aber führen zu Mißbildungen und als Chromosomenaberration zu sehr differenten Entwicklungen im Sinne der Intersexualität, die dem Gynäkologen unter sehr verschiedenen Syndromen (Ullrich-Turner-Syndrom, Klinéfelter-Syndrom), der Öffentlichkeit besonders in der Form des Hermaphroditismus und Pseudohermaphroditismus bekannt sind.

Solche Bilder ergeben sich aus Fehlkonstruktionen der für die Geschlechtsbestimmung verantwortlichen Chromosomen X und Y. Das gleiche gilt von den anderen, im Gegensatz zu den Geschlechtschromosomen als Autosomen bezeichneten Genträgern. Diese Fehlleitungen können durch Mutation ausgelöst werden, die einzelne Gene, Chromosomenabschnitte oder ganze Chromosomen betreffen. Auch sie beziehen sich auf Anomalien der Chromosomenzahl, der Chromosomenstruktur und auf die Art ihrer Verbindung. Der Geburtshelfer stellt eine solche inkorrekte Chromosomenkombination bei dem Krankheitsbild des Mongolismus am Neugeborenen fest. Hier handelt es sich um ein überzählig auftretendes Chromosom, das zu sehr schweren körperlichen und geistigen Störungen führt.

Andere Erkrankungen ähnlicher Genese sind die chronisch myeloiden Leukämien, die durch das sogenannte „Philadelphia-Chromosom" hervorgerufen werden.

Auch die Krebsentstehung wird mit Chromosomenaberrationen in Verbindung gebracht, nur ist hier umstritten, ob die Veränderungen der Chromosomenzahl und -struktur Ursache oder Folge einer anders induzierten Karzinomgenese sind.

Diese einzelnen Beispiele mögen genügen, zumal zu diesen Chromosomenaberrationen und genetischen Inkompatibilitäten noch milieubedingte Noxen kommen: Also chemische (Contergan!), mechanische Einflüsse, ionisierende Strahlen, Viren, Sauerstoffmangel, die als Ursachen für die Entstehung von Mißbildungen verantwortlich gemacht werden können. Ihre Frequenz liegt heute bei etwa 1% (Schlosser 1,01% — Med. Klin. 57, 1626 [1962]).

Lassen sie sich durch diese wie auch andere vielleicht ängstigende Passagen in diesen Ausführungen nicht bedrücken. Die heute zu beobachtende Informationsfreudigkeit der Wissenschaft wird besonders in der Medizin an solchen Gefahren nicht ganz vorbeikommen, wenn sie auf die Möglichkeit ernsthafter Komplikationen aufmerksam machen muß, um sie im Sinne der Praeventivmedizin durch Aufklärung zu verhindern (s. Krebsbekämpfung). Es kommt immer darauf an, den Ernst der Tatsachen in die richtige Beziehung zum erhofften Nutzen zu bringen.

Und so darf ich auch hier zur Beruhigung feststellen, daß sich im allgemeinen die vitalen und fruchtbaren Gene nach dem Ausleseprinzip eher durchzusetzen pflegen als diejenigen, die zur Disharmonie dieser komplizierten Entwicklung führen.

Die Forschung zeigt auf diesen Gebieten, sowohl was die Tiefenlotung als auch die Breitenentwicklung anlangt, einen so gewaltigen Aufschwung, daß Vorstellungs- und Fassungsvermögen des Wissenschaftlers mit dem Reichtum der Problematik in Konflikt geraten. Die verdienstvollen Bestrebungen, als Ausgleich sogenannte enzyklopädische „Wissensspeicher" anzulegen, haben auf diesen Gebieten nur begrenzten Wert. Hier kommt es auf Erfahrungen an. Man kann sie mitteilen, aber nicht vermitteln, sie wollen erworben sein.

Die Entwicklung des Menschen ist also abhängig von verschiedenen Voraussetzungen fördernder und hemmender Impulse. Diese Vorgänge werden noch kompliziert dadurch, daß die Aktivität nicht immer als Vorteil und die Widerstände nicht immer als Nachteil bewertet werden können. Die einseitige Aktivierung bestimmter Entwicklungen kann zur Störung normal angelegter Korrelationen der Funktion, die Bremsung kann nach dem Prinzip der Auslese zur zweckmäßigen morphologischen Ordnung und zu gesteigerten funktionellen Leistungen führen. Das Entscheidende ist, daß grobe Disproportionen und Entwicklungsdisharmonien vermieden werden.

Adaption

Wir können diese Vorgänge als *Adaption* bezeichnen, mit der es sich in der lebendigen Welt der Medizin nicht anders verhält als in der materiellen der Technik und Physik. Ihre höchste Entwicklung haben aber die Adaptionsprozesse beim Menschen erreicht (DAWYDOWSKI).

Auch wenn wir von ihnen wie von sämtlichen Gesetzen der Natur keine vollkommene Zweckmäßigkeit sowohl in individueller wie in universeller Beziehung verlangen können, so dürfen wir doch feststellen, daß, *je vollkommener das Adaptionsvermögen, um so vollkommener auch die Gesundheit ist.*

Steuerungs- und Regelungsprozesse

Zu den Voraussetzungen einer vollkommenen Adaption gehören auch die Steuerungs- und Regelungsprozesse, die der Erhaltung des individuellen und generativen Lebens dienen. Wir kennen und kannten sie von den physiologischen Verhältnissen der Herz-Kreislauf-Regulationen, der Temperaturregulationen, des Stoffwechsels, der Sinnestätigkeit der vegetativen und generativen Funktion — und so fort. Heute sind sie durch den neuen Wissenschaftszweig der Kybernetik als „control and communication in the animal and the machine" (NORBERT WIENER) in ein neues Scheinwerferlicht gerückt worden, von dem einige kritische Beurteiler behaupten, „man müsse seine Augen wappnen, auf daß einen der Glanz nicht blende".

Wie man sich auch zu diesen Auffassungen stellen mag, selbst der härteste Kritiker wird sich zu zwei Zugeständnissen dieser Entwicklung bekennen müssen:

1. der prinzipiellen Feststellung, daß eine Wiederbelebung bestimmter Forschungsgebiete unter neuen Aspekten ganz sicher nicht zu ihrem Schaden erfolgt;

2. der sachlichen Feststellung, daß das Ziel der Kybernetik, „Analogien zwischen Mensch und Maschine bzw. zwischen Natur und Technik aufzudecken" (G. REISSIG), zum Modellversuch und damit zu einer mathematisch exakten Prüfungsmethode natürlicher biologischer Vorgänge geführt hat, die auch für die klinische Medizin ihren Nutzen hat.

Ich kann es mir ersparen, auf die Erläuterung der Begriffe der Regelung, Steuerung, Rückkopplung etc. einzugehen. Sie sind durch Hrn. SCHRÖDER im vorigen Jahr an der gleichen Stelle in einer im Verhältnis zur Schwierigkeit der Materie geradezu idealen allgemeinfaßlichen Übersicht dargestellt worden. Zum zweiten würden mir die Manen meiner verstorbenen Mathematik- und Physiklehrer die Berechtigung absprechen, wenn ich ausgerechnet mich zum Interpreten der Informationstheorie, der Differentialgleichungen und physikalisch-technischen Konstruktion machen wollte.

Ich bewundere die Präzision der Technik und die grandiosen Konzeptionen in der Mathematik, aber ich weiß auch, daß die natürlichen Regulationsmechanismen, ihr elastisches Adaptionsvermögen der starren Maschine überlegen sind. Wir sind weit gekommen als Imitatoren natürlicher Vorgänge, aber die Natur wird unser Lehrmeister bleiben müssen.

Adaption und Regulationsmechanismen spielen in der Querverbindung der modernen Medizin zur Naturwissenschaft eine besondere Rolle. Ich will versuchen, das durch zwei Beispiele zu belegen, die sich aus der Diktion meines Vortrages von selbst ergeben.

1. Wir waren bei der Entwicklung embryonaler Vorstufen des Menschen bis zu jener Phase gekommen, wo die Eigenernährung des Eies aus dem Dotter aufhört und durch die Kontaktaufnahme zur Mutter abgelöst wird.
   Um diesen Vorgang der Nidation zu ermöglichen, sind bestimmte Steuerungsvorgänge erforderlich, die ich Ihnen wiederum im Film zeigen will.

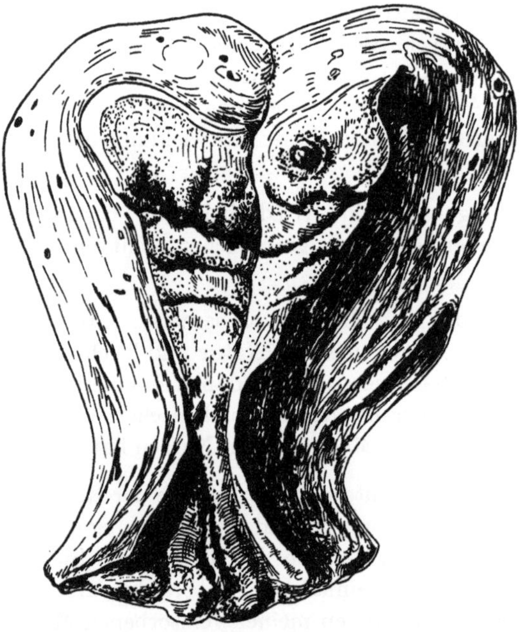

Abb. 18
Einbettung des Eies in die Gebärmutterschleimhaut; aus STOECKEL

In der embryonalen Entiwcklung werden die Sexualhormone wahrscheinlich in der Nebennierenrinde gebildet, erst in der Pubertät werden die sogenannten FSH- und ICSH-Releaser freigesetzt, die ihren Einfluß vom Zwischenhirn über die Hirnanhangsdrüse auf die Keimdrüsen und weiter auf die Gebärmutter ermöglichen.

(Erläuterung zum Film: Funktion des Zwischenhirn-Hypophysen-Gonadensystems und Transformation der Uterusschleimhaut für die Nidation des Eies.)

In die so vorbereitete Schleimhaut senkt sich das Ei (Abb. 18).

2. Die weiteren Regulationsmechanismen an dieser Kontaktfläche zwischen Mutter und Kind werden durch die Plazenta geregelt. Sie war früher nur als Austauschorgan für die Blutzirkulation und die Stoffwechselvorgänge bekannt (Abb. 19).

Heute wissen wir, daß es kein passives Diffusionsorgan, sondern ein höchst aktives, selbständiges, nur für die Schwangerschaft aufgebautes Organ mit produktiven, selektiven Fähigkeiten, Abwehrfunktionen gegen Infektionen, Filter für oder gegen den Übertritt der Moleküle unterschiedlicher Größen-

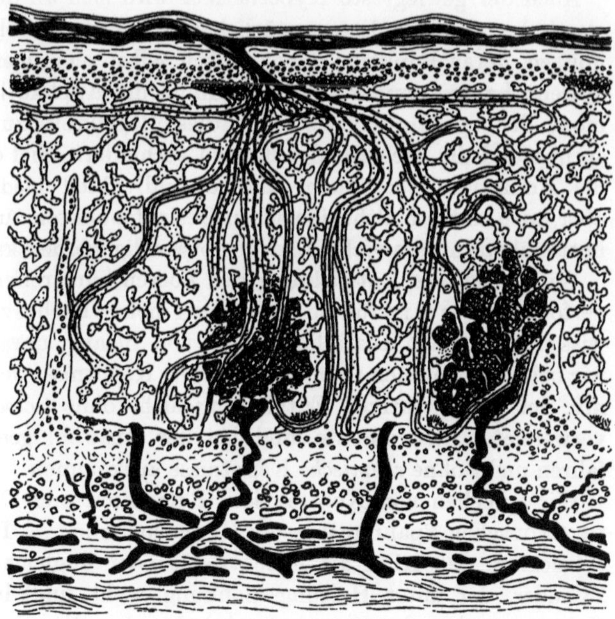

Abb. 19 Schematische Darstellung des Feinbaues der Plazenta unter Zugrundelegung des Zellstammschemas von K. Peter; aus Martius

ordnung, ja selbst korpuskulärer Elemente ist, eine Grenzmembran, an der sich letzten Endes die verwickelten Verhältnisse der Stoffwechselstörungen (Eklampsie), der Blutgruppeninkompatibilitäten abspielen; ein Organ, das, als eigenes System zwischen Mutter und Kind geschaltet, von beiden die größten adaptiven Fähigkeiten verlangt, ein Regulationszentrum, in dessen Laboratorium sich mit gleicher Berechtigung Geburtshelfer, Mikrobiologen, Biochemiker und -physiker, Serologen, Stoffwechselforscher und Paediater und vor allem die Endokrinologen versammeln müssen.

Das für unsere Darstellung markanteste Beispiel einer zweckgesteuerten Regulation ergibt sich aus der Tatsache, daß die Plazenta in der Schwangerschaft stellvertretend für den Eierstock und die Hirnanhangsdrüse eintritt. Die bisher von diesen Organen gelieferten Hormone werden jetzt von ihr produziert. Sie dienen in erster Linie der Erhaltung der Schwangerschaft, aber auch der Lockerung und Vorbereitung der Geburtswege, wie auch z. B. der umgebildete Eiweißstoff Relaxin.

Bei dieser Umstellung bleiben aber die Rückkoppelungen zu dem alten System erhalten, die nach Beendigung der Gravidität die Einleitung der Wehentätigkeit, dann die Milchsekretion für die Brusternährung des Säuglings und schließlich die Rückkehr zum normalen Zyklus vermitteln.

Auch der gewiegteste Kybernetiker wird sich an dem Umfang und der elastischen Qualität dieser natürlichen Regulationsmechanismen berauschen müssen, deren Funktion er schließlich selbst sein eigenes Leben verdankt.

Denn heute bemüht man sich, durch die Applikation bestimmter Hormone, der sogenannten Gestagene, diese Regelkreise zu stören, den Follikelsprung und die Freigabe des Eies zu verhindern. Ziel dieser Maßnahme ist die Konzeptionsverhütung, die aus individuell medizinischen Gründen, aber auch unter malthusianischen Gesichtspunkten zur Steuerung des Geburtenüberschusses vieler Länder notwendig werden kann.

Wir wollen die Entwicklung des Foeten zum reifen Kind nicht weiter verfolgen. Aber es ist für die Verbindung meines Faches zu den anderen naturwissenschaftlichen Disziplinen doch von Belang, darauf hinzuweisen, daß wir bei der spontanen Geburt nicht ohne Kenntnisse der *Physik* und *Mechanik*, bei der operativen Entbindung nicht ohne *technische* Kenntnisse der verwendeten Instrumente und bei der Auswahl geeigneter Narkoseverfahren nicht ohne *chemische* Kenntnisse auskommen.

Wir sprechen von Kontraktion, Retraktion und Distraktion, von dem DE SNOOschen Spannungsgesetz (Wandspannung = Druck × Radius), wir bezeichnen das Kind als Fruchtwalze oder ungleichmäßigen, biegsamen Zylinder, der unter Haltungsspannung steht und durch den gebogenen Geburtskanal so lange rotiert wird, bis das Biegungsfazillimum mit der erstrebten Verbiegungsrichtung übereinstimmt (SELLHEIM), von der notwendigen inneren und äußeren Abdichtung zur Auswirkung der dynamischen Geburtskräfte und so fort.

Und wir bemühen uns bei der Anwendung der Zange, die Leerräume des Beckens mathematisch zu berechnen und sie mit Drehgriff- und Achsenzugmodellen für die operative Entbindung auszunutzen oder die Zange überhaupt durch Vacuumextraktoren mit elektrisch betriebenen Pumpensystemen zu ersetzen (Abb. 20).

Verzeihen Sie diese Entzauberung des Geburtsvorganges von Ihren bisherigen Vorstellungen. Aber der Geburtshelfer, der in solchen Situationen nicht logisch denken und handeln gelernt hat, kann sich vor Fehlern nur durch die Flucht in den Kaiserschnitt retten. Aber mit demselben Messer, mit dem er den Uterus von oben öffnet, schneidet er zugleich auch den Rest seines physikalischen und mechanischen Vorstellungsvermögens weg, das er im Zuge der modernen Entwicklung der Medizin im Kontakt mit den anderen naturwissenschaftlichen Disziplinen weiterbilden sollte.

Mit der Abnabelung des Kindes beginnt sein Eigenleben ,,nach den Gesetzen, nach dem es angetreten" und die vor Ihnen zu entwickeln ich mich bemüht habe.

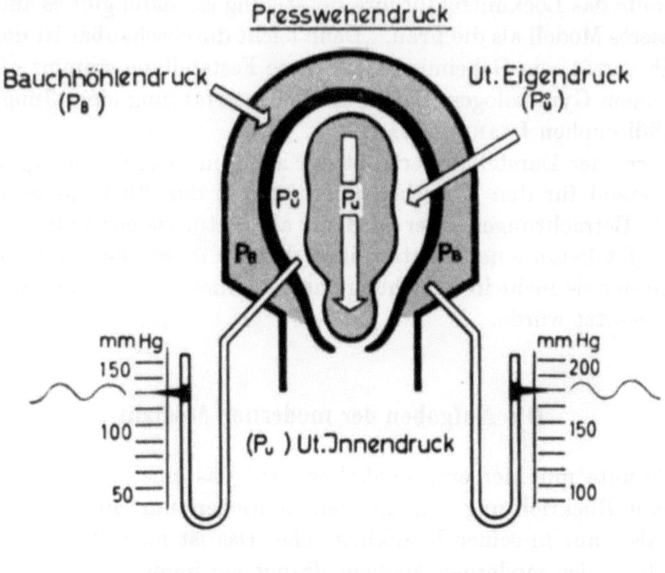

Abb. 20. Preßwehendruck; aus LANGREDER

Es kam mir in diesem ersten Teil meines Vortrages darauf an, aus der Sicht meines Faches die Gedanken zu entwickeln, die erstens einige prinzipielle Aspekte moderner medizinischer Vorstellungen, zweitens seine enge Verbindung mit der Biologie, Genetik, Chemie, Physik und Mathematik, aber, wie Sie aus den vergleichswissenschaftlichen Analogien gesehen haben, auch mit der Zoologie und Botanik aufzeigen. Geburtshilfe und Frauenheilkunde stehen hier stellvertretend für die gesamte Medizin.

Denn die Frau als Objekt unserer Fürsorge ist das lebendigste Beispiel für viele neue Erkenntnisse der Biologie und Medizin, wie ich sie bisher darzustellen versucht habe. Sie ist Gefäß und Träger generativer Entwicklungen, zu ihren Eigenschaften gehört die Variabilität ihrer Struktur, Vulnerabilität als Geschlechtsmerkmal; ihre Fähigkeit zur Adaption, der ihr von der Natur aufgezwungene Rhythmus biologischen Geschehens, ihre gegenüber dem Mann unvergleichlich engere Naturverbundenheit, der von ihr rein äußerlich ausgehende Reiz, der nicht nur für die Fortpflanzung, sondern auch als Antrieb auf vielen irrationalen Gebieten unseres Lebens eine Rolle spielt. Und wenn der Zweifel der Nerv der Wissenschaft und das Unbekannte das Lockmittel für ihre Betätigung ist, dann gibt es auch dafür kein besseres Modell als die Frau. „Denn leicht durchschaubar ist der Mann, das Weib verrät sein Geheimnis nie.“ Diese Feststellung stammt nicht von mir als einem Gynäkologen. Sie ist die Lebenserfahrung eines Junggesellen — des Philosophen IMANUEL KANT.

Die Form der Darstellung erlaubt mir auch, in diesem Vortrag die Frau stellvertretend für den Menschen überhaupt in das Blickfeld unserer allgemeinen Betrachtungen über Medizin als Naturwissenschaft zu ziehen. Denn es gibt kaum eine Situation ihres Lebens in gesunden oder kranken Tagen, in der sie nicht in Beziehung zur modernen Medizin und allen ihren Zweigen gesetzt würde.

Die Aufgaben der modernen Medizin

Man könnte mir hier entgegenhalten, daß das eine sehr einseitige und egoistische Blickrichtung sei, die den Menschen nur aus der Sicht des Arztes, also nur in seiner Krankheit sehe. Das ist nicht richtig, denn die Entwicklung der modernen Medizin drängt sie immer mehr von der gezielten Therapie als einer notwendigen moralischen Verpflichtung zur Prophylaxe, also der praeventiven allgemeinen Fürsorge, ja sogar zum aktiven Gestalter und Berater der Lebensführung und einer gesunden Umwelt.

Eine solche Auffassung beinhaltet keinen Machtanspruch über den Menschen, die wahre Medizin wird sich immer als Diener am Menschen fühlen. Aber selbst diese unvollständige Betrachtung zeigt doch schon im äußeren Aspekt das ungeheure Ausmaß ihres Bereiches, die Fülle der Gebiete, auf denen sie zu Hause sein muß, ihre Abhängigkeit von der allgemeinen Entwicklung unserer biologischen, chemisch-physikalischen, mathematischen Erkenntnisse, ihre Verankerung mit der Technik einerseits, Kultur und Soziologie andererseits.

Es ist selbstverständlich, daß ich mich vor diesem Kreis nicht mit solchen allgemeinen Feststellungen zufrieden geben und von Ihnen als Zustimmung fordern kann, was für mich aus der bloßen Erfahrung Glaubensbekenntnis ist. Es bedarf schon einer genaueren Analyse dessen, was die moderne Medizin ausmacht.

Um das Ergebnis vorwegzunehmen: Die moderne Medizin muß sich auf die Grundlagenforschung hin orientieren. Solche Aufgabengebiete sind z. B.:

1. die Molekularbiologie, die genetischen Funktionen der Nucleinsäuren, die Fragen der Eiweißsynthese, die Bedeutung der Ultrastruktur der lebenden Materie
   — in ihrer universellen Beziehung zur Entwicklung des Menschen und etwaiger krankhafter Anlagen;
2. die Virusforschung
   — in ihrer Beziehung zu epidemiologischen (Seuchenschutz, Massenvakzinierung gegen Poliomyelitis) und onkologischen Fragen (experimentelle Krebsforschung);
3. die Enzymologie und Endokrinologie, die Reindarstellung von Fermenten und Hormonen, die Erforschung ihrer metabolischen Funktionen
   — in ihrer Beziehung zur Gesamtmedizin, insbesondere zur Gynäkologie, Paediatrie, zur Stoffwechselforschung der inneren Medizin;
4. die Physiologie durch die Analyse der zerebralen Funktionszonen und Regulationszentren und ihrer gegenseitigen Abhängigkeit voneinander
   — in Beziehung zur Neurologie, Psychiatrie, zur Schmerzbekämpfung in der Geburtshilfe etc.;
5. die Gewebezüchtung in ihren Bemühungen um die künstliche Toleranz der Gewebe für Organ- und Gefäßtransplantationen, vielleicht auch für die Übertragung blutbildender und lymphatischer Gewebe
   — in Beziehung zu den chirurgischen Disziplinen (DEMICHOW);
6. die Serologie, Immunologie, Blut- und Gerinnungsforschung
   — in ihren generellen Beziehungen zu allen klinischen Disziplinen.

Beziehungen zwischen theoretischer und klinischer Medizin

Die Skala dieser Hinweise erhebt keinen Anspruch auf Vollständigkeit, aber sie erlaubt einen Überblick über den Umfang der Beziehungen der klinischen Medizin zu ihren Grundlagenwissenschaften einerseits und der

Grundlagenforschung zur klinischen Medizin andererseits. Diese Wechselbeziehungen zwischen theoretischer und klinischer Medizin sind eigentlich eine Selbstverständlichkeit, aber nicht immer so gesehen worden.

Auch heute scheint mir eine zu scharfe Betonung ihrer Unterschiede nicht glücklich zu sein. Thematisch und organisatorisch gesehen ist eine Trennung der Medizin in ihre beiden Hauptdisziplinen richtig. In dem Augenblick aber, wo sie die notwendigen Verbindungsbrücken zu sprengen oder zu einem Meinungsstreit über Wert, Vorrang oder Kompetenz zu führen droht, wird sie zu einer Gefahr.

Erfolge der einen Richtung gegenüber der anderen verdankt sie dabei noch nicht einmal immer der eigenen Konzeption. Manchmal gehen die entscheidenden Impulse auch von großen Ideen aus, für die die Zeit erst reif sein muß. Die Wissenschaft verhält sich hier nicht anders als die Kunst und andere Zweige unseres kulturellen und gesellschaftlichen Lebens. Auf dem vorbereiteten Acker wachsen die fruchtbaren Gedanken besser als auf dem dürren.

Der Siegeszug der bakteriologischen Aera ist durch die klinischen Beobachtungen eines SEMMELWEIS beim Puerperalfieber ausgelöst worden, der Siegeszug der Chirurgie durch die Erfindung der Narkose und der Lehre LISTERS über die Asepsis und Antisepsis. So war manche klinische Beobachtung das Ferment der Entwicklung ganzer Epochen in der Medizingeschichte.

Heute ist es umgekehrt. Heute sind es die Erfolge der Biologie, die die klinische Medizin sozusagen „ab ovo" stimulieren. Sie muß diese Anregungen aufgreifen und sich umorientieren. Sie verliert damit nicht an Ansehen und an Wert. Im Gegenteil, sie wird gewinnen, wenn beide Richtungen sich ihrer gegenseitigen Abhängigkeit bewußt bleiben und aus ihrer Geschichte lernen. Denn seit der Trennung in koische und knidische Medizin hat die alte Streitfrage: „Experiment — oder Empirie und Praxis" mit wechselnden Vorzeichen ihre Rolle gespielt. Jede einseitige Betrachtung hat zum Verfall ihres Ansehens, die gegenseitige Befruchtung zu besonderen Blütezeiten geführt.

Deshalb ist heute das Experiment auch kein Reservat der theoretischen Medizin; die Klinik kann darauf ebensowenig verzichten. Die Form der Zusammenarbeit wird sich vorwiegend so auswirken müssen, daß die Praxis die Empfehlungen neuer theoretischer Erkenntnisse auswertet, die Grundlagenforschung aber die sich aus der Praxis ergebenden Forderungen zu beantworten versucht. *Jedenfalls muß die Medizin aller Richtungen und Disziplinen eine Einheit bilden.*

Medizin und Naturwissenschaften

Ich glaube deshalb, daß man keinen Fehler begeht, wenn man die Medizin trotz ihrer verschiedenen Aufgabengebiete als eine Einheit in Beziehung zu den Naturwissenschaften setzt. In der Forschung ist sie sowieso reine Naturwissenschaft, in der Exekutive angewandte Naturwissenschaft, und was die Lehre anlangt, so verhält es sich damit auch nicht anders als bei den anderen naturwissenschaftlichen Disziplinen, nur daß bei ihr sich der Lehrer stärker mit dem Inhalt der Lehre identifizieren muß, weil er selber allzuleicht Objekt für ihre Anwendung werden kann.

Man sollte sich aber hüten, die Fragen der Ausbildung unter zu engen, rein didaktischen Aspekten zu sehen, und dafür lieber an das alte griechische Vorbild anknüpfen, das die Erziehung unter dem Begriff einer ἐγκύκλιος Παιδεία als Bestandteil der allgemeinen Bildung, ich würde heute sagen, der allgemeinen naturwissenschaftlichen Bildung, ansprach (JAEGER).

Jedenfalls wären wir allzu enge Scholastiker, wenn wir aus der Trias medizinischer Arbeit — Forschung, Lehre und ärztliche Handlung — den Schluß ziehen wollten, daß nur die Forschung mit den Naturwissenschaften konfrontiert werden dürfte.

Die Verwandtschaft ist eine engere: Die moderne Medizin bedarf sowohl auf der Ebene der Grundlagenforschung wie auch bei der klinischen Auswertung und Nutzanwendung der Hilfe ihrer naturwissenschaftlichen Nachbardisziplinen in einer so engen Verflechtung, daß die Grenzen in vielerlei Hinsicht heute schon als aufgehoben gelten können.

Die Physik hilft durch die Bereitstellung neuer technischer Hilfsmittel, z. B. des Massenspektrographen, des Elektronenmikroskops, des elektronischen Spinresonanzmessers, des Strahlungszählers, des Polarographen. Sie baut die „Gehirnmodelle“, die durch bestimmte Reize eine Analyse der zerebralen Funktion der Bewußtseinssphäre und der automatischen Regulationszentren ermöglichen. Sie entwickelt in Zusammenarbeit mit der Technik die modernen Geräte für die Narkose, die Mehrkanalschreiber für die objektiven Beobachtungen des Patienten während der Operation (VON ARDENNE), die Hochfrequenz-Bestrahlungsapparate, die Unterkühlungseinrichtungen, ohne deren Vorhandensein viele komplizierte Eingriffe gar nicht denkbar wären.

Die Chemie hilft der klinischen Medizin auf den Gebieten der Stoffwechselforschung und Behandlung seiner Störungen, in gleicher Weise in der Endokrinologie, der Enzymologie, der Serologie.

Neben den gläsernen Utensilien der alten chemischen Analytik und Synthesen stehen heute die modernen Geräte der Papierchromatographie, Gas-, Dünnschichtchromatographie, der Dialysiergeräte, Molekularsiebe, Szintillationsschreiber, Massenspektroskope, der Autoradiographie usw. Sie führt in der Pharmakologie zur Entwicklung der modernen Präparate zur medikamentösen Krebsbekämpfung, der Antibiotica und Sulfonamide, der Anaesthetika, der Psychopharmaka als Spiegelbild unserer hektischen Zeit, der Seuchenbekämpfungsmittel. Sie entwickelt die Konservierungsstoffe für unsere Nahrungsmittel und die Plaste und Kunststoffe als Ersatz für zerstörte körpereigene Gewebe.

Längst ist die Forschung auf allen diesen Gebieten aus den Laboratorien der Universitäten zu einem großen Teil in die der pharmazeutischen Industrie abgewandert. Die Entwicklung ist nicht durch den Mangel an klinischen Problemen charakterisiert, sondern bei der Fülle der Produktion und dem Zwang zur ökonomischen Nutzung durch das Gebot einer dringend notwendigen Selektion und Beschränkung auf das wirklich notwendige und unschädliche Maß der oftmals allzu reklamefreudig angepriesenen Medikamente.

Die Botanik und Zoologie sind die unentbehrlichen Helfer auf den Gebieten der Vergleichswissenschaft. Einmal, weil dem Forscher bei der Beobachtung bestimmter populationsgebundener Vorgänge durch die Dauer seines eigenen Lebens Grenzen, zum anderen, weil dem Experiment am Menschen in der Vergangenheit leider nicht immer beachtete Schranken gesetzt, sind und schließlich, weil aus Vergleichen oft aufschlußreichere Antworten zu beziehen sind als aus einseitigen Beobachtungen.

Die angewandte Mathematik erlaubt uns auf den Gebieten der Statistik sowohl im Bereich der experimentellen wie der klinischen Medizin mit ihren Hochleistungsgeräten Informationen über ungeahnte Größenordnungen mit einer Zuverlässigkeit und Schnelligkeit, wie sie bisher unerreichbar waren.

Mit der Zahl der registrierten Beobachtungen aber wachsen die Unbestechlichkeit und der Wert der Aussage. *Zahl und Maß und das durch sie objektivierte Experiment sind das Charakteristikum der modernen Medizin, der modernen Naturwissenschaft überhaupt.*

Erlauben Sie aber dem Kliniker aus der Sicht seiner Erfahrungen den Hinweis, daß er sich andererseits auch hüten muß, im Rausch der großen Zahl zu ersticken. Er darf den Wert und Nutzen der singulären Beobachtung als Quelle grundsätzlich neuer Erkenntnisse nicht außer acht lassen. Zu oft haben geniale Konzeptionen einer Sekunde grundsätzliche Entwicklungen von weittragender Bedeutung eingeleitet. Ich denke hier an die Entdeckungen des Gesetzes von der Schwere durch NEWTON und im Bereich der Medizin aus unserer Zeit an die Entdeckung des Penicillins durch FLEMMING.

Diese Entdeckungen zeigen uns nicht nur die Ergebnisse unserer ätiologisch-analytischen, diagnostischen und therapeutischen Bemühungen, sondern auch die Verschiebungen ganzer Krankheitsgruppen unter veränderten Umweltbedingungen (Geomedizin), den Gestaltenwandel einzelner Krankheiten und ihre demographischen Beziehungen. Die klinische Medizin versucht, der Fülle dieser Erkenntnisse durch Analyse der Schwerpunkte gerecht zu werden. Sie alle wissen, daß von den ungelösten Problemen heute im Vordergrund unserer Bemühungen die Bekämpfung der Herz- und Gefäßkrankheiten, der Krebskrankheiten und der Infektionskrankheiten steht.

Ersparen Sie mir auch hier die Aufzählung aller Querverbindungen zu den einzelnen Zweigen angewandter Naturwissenschaft. Wer das versucht, sprengt die Fontanellen seines Geistes und kann es doch nicht in einen Vortrag pressen. Wenn der Bearbeiter des Rechenschaftsberichtes der UNESCO über die modernen Strömungen der wissenschaftlichen Forschung (PIERRE AUGER) für seine Ausführungen über die Medizin im Telegrammstil fast 100 Seiten braucht, dann wird die Unmöglichkeit auch dem größten Rechenkünstler klar, der die zur Verfügung stehende Zeit mit dem Inhalt der Darstellung in Übereinstimmung bringen will, von der Langweiligkeit solchen pedantischen Vorhabens ganz zu schweigen. Und doch ist eine solche Zusammenfassung, die den Vorteil einer sonst kaum möglichen Orientierung moderner Forschung auf medizinischem Gebiet erlaubt, ein Beweis für den geradezu evolutionären Aufbruch der modernen Medizin, der das Gerede von einer Krise der Medizin als ein geradezu lächerliches und leichtfertiges Geschwätz erscheinen lassen muß.

Wenn es überhaupt eine Krise gibt, liegt sie sicher nicht in der Substanz der Medizin, sondern höchstens in dem Mißverhältnis zwischen der Fülle der Probleme und der geistigen Kapazität des einzelnen, der sie bewältigen soll. Es ist kein Zeichen geistiger Impotenz, wenn man eingesteht, daß man die Flut neuer Erkenntnisse als einzelner nicht mehr beherrschen kann, es ist vielmehr der Beweis einer sehr realistischen Einschätzung der Situation, die nach neuen Wegen suchen muß, um sich in dieser Brandung zu behaupten und nicht von ihr fortgespült zu werden.

Es bahnt sich also eine Entwicklung an, die die Grenzen der einzelnen naturwissenschaftlichen Disziplinen aufhebt, sie zu einer Universitas literarum auf höchster Ebene zusammenschweißt, die auch der klügste

Kopf originaliter nur noch auf Teilgebieten zu befruchten, in der Peripherie aber nur noch synoptisch zu erfassen vermag.

Neben die Aufgabe des Spezialisten tritt deshalb die Forderung nach Gemeinschaftsarbeit. In einer solchen Entwicklung wird der Geist unserer Akademie und ihres Gründers lebendig. Sie setzt den Inhalt des Vortrages also auch in Beziehung zu seinem Anlaß.

Wir kommen somit zu der Feststellung, daß die Medizin nicht nur ein Zweig der Naturwissenschaft ist, sondern zugleich auch ein Querschnitt durch alle ihre Gebiete, deren Erkenntnisse sie sich bedienen muß, wenn sie nicht in der Enge ihrer bisherigen Grenzen an Erschöpfung zugrunde gehen, sondern sich prospektiv in die Zukunft entwickeln will. Das ist kein Armutszeugnis ihrer heutigen Situation, sondern eine Gesetzmäßigkeit historischer Entwicklung, die sie an die Grenze ihrer Möglichkeiten herangeführt hat, an der sie selbst mit ihren eigenen Methoden nicht mehr fertig wird. Sie muß in ihrer evolutionären Entwicklung die Türen zu den Nachbardisziplinen aufstoßen, um sich ihrer Hilfe zu bedienen, ohne dabei ihr eigenes Gesicht zu verlieren.

Es wäre billig und ungerecht, daraus — wie man manchmal auch aus den eigenen Reihen hört — den Schluß zu ziehen, daß diese Nachbardisziplinen der Medizin den Rang abgelaufen hätten und im Prinzip leistungsfähiger seien. Ich bin mir mit ihren Vertretern darüber einig, daß solche Vergleiche zu falschen Werturteilen führen und an der Entwicklung und den Aufgaben der Grundlagenforschung vorbeizielen.

Denn erstens liegt der Schlüssel zu vielen neuen naturwissenschaftlichen Erkenntnissen, technischen Problemen und ihren Analysen im Menschen selbst und ist erst durch die Entschleierung seiner biologischen Gesetzmäßigkeiten, Reaktionen und Regulationsmechanismen gefördert worden.

Und zweitens ist es nicht Aufgabe der Naturwissenschaft zu moralisieren, sondern unbestechlich und selbstlos den letzten Geheimnissen nachzuspüren, ihre Kausalzusammenhänge aufzudecken, auch wenn dabei ihre bisherigen klassifikatorischen Vorstellungen und Bedürfnisse erschüttert oder neu konzipiert werden müßten.

Solche Wahlverwandtschaften existieren außerhalb der Medizin zwischen Chemie und Physik und anderen naturwissenschaftlichen Disziplinen schon lange. Ich bin überzeugt, daß unsere Bemühungen um eine möglichst exakte Abgrenzung ihrer Interessengebiete einfach aus den Erkenntnissen der Naturwissenschaften überrollt werden und in der Zukunft einmal ganz neu geordnet werden müssen.

Die Weisheit eines alten chinesischen Märchens verdeutlicht die Situation. Ein Blinder und ein Lahmer kamen auf der Flucht vor ihren Gegnern nicht mehr weiter, weil der Lahme den Weg nicht mehr gehen, der Blinde ihn nicht mehr finden konnte. Da nahm der Blinde den Lahmen auf den Rücken und ließ sich den Weg weisen. So retteten sich beide. –

Irgendwie stoßen wir alle einmal an Grenzen wissenschaftlicher Erkenntnisse. Nicht wer wem hilft, sondern daß das Ziel erreicht wird, ist entscheidend.

Mutation und Transformation sind nicht nur Begriffe für den Genetiker und Biologen. Auch auf der breiten Ebene grundsätzlicher Entwicklungstendenzen der Naturwissenschaften stehen wir in einem Mutationsprozeß, dessen Ausmaß wir nur zu erahnen, aber noch nicht zu übersehen vermögen.

Man darf diesen Entwicklungsprozeß nicht zu eng betrachten. Solche Mutationen sind in erster Linie abhängig von endogenen, nur aus der Entwicklung des Faches zu verstehenden Faktoren. Aber sie sind auch abhängig von exogenen Umwelteinflüssen. „Jede Wissenschaft enthüllt immer etwas von der geistigen Stimmung jener Periode, der sie angehört" (SHRYOK). So wie die Wissenschaft ihre Erkenntnisse dem Glück des einzelnen und dem ganzer Völker dienstbar macht, so ist auch umgekehrt der *Charakter* oder die Struktur der Gesellschaft abhängig vom Stand ihrer Wissenschaft.

Erst aus der optimalen Wechselwirkung zwischen beiden ergibt sich das, was wir Fortschritt nennen. Er ist von dem geistigen Hintergrund ebenso abhängig wie von den ökonomischen Voraussetzungen. Zu diesen zähle ich nicht nur die Bereitstellung der Mittel durch die Gesellschaft und die Verzinsung des eingebrachten Kapitals durch die Leistung der Wissenschaftler, sondern in weitestem Sinne auch die organisatorischen Prinzipien einer zweckmäßigeren Koordination aller vorhandenen Kräfte und Institutionen, um die wir uns ja zur Zeit bemühen.

Medizin als angewandte Naturwissenschaft

Die Medizin nimmt auch hier keine Sonderstellung ein. Nur in einer Beziehung darf sie sich einer Sonderstellung rühmen, die ihr nicht falsch ausgelegt werden kann. An keiner Stelle wird die Verbindung zur praktischen Auswertung so zwingend wie in der medizinischen Disziplin, an keiner Stelle so individuell sichtbar wie in der unmittelbaren Auswirkung auf den Menschen.

Man wird der Medizin nicht zum Vorwurf machen können, daß sie sich in der Verbindung zur Praxis auch auf Gefühl und Intuition stützen muß. Sie verliert damit nicht an wissenschaftlicher Bedeutung. Die Auswertung der großartigen neuen ätiologischen, diagnostischen und therapeutischen

Erkenntnisse darf nicht zu einer „Fließbandmethode" werden, an deren Ende ein ärztlicher Roboter die Resultate einsammelt und konstruktiv zur Anwendung bringt.

Die Größe der ärztlichen Persönlichkeit und der Erfolg ihres Wirkens werden immer von ihrer Fähigkeit bestimmt, die naturwissenschaftlichen Erkenntnisse mit den Zielen der Humanitas zu verbinden. Wenn es dafür noch eines Kronzeugen bedürfte, würde ich ALBERT SCHWEITZER zitieren. An der Universalität seiner Bildung, der Unbestechlichkeit als Wissenschaftler und an seiner vorurteilslosen Hilfsbereitschaft besteht in der ganzen Welt kein Zweifel:

„Die Ethik der Ehrfurcht vor dem Leben erlaubt es nach seiner Ansicht dem Gelehrten nicht, nur seiner Wissenschaft zu leben, sie zwingt ihn vielmehr, fort und fort mit allen Menschenschicksalen und Lebensschicksalen, die sich um ihn herum abspielen, innerlich beschäftigt zu sein und dem Menschen, der einen Menschen braucht, sich als Mensch zu geben."

Auf die Ebene individueller ärztlicher Betreuung gerückt, heißt das nichts anderes, als daß der naturwissenschaftlich gebildete Arzt mit dem Verstand entscheidet, *was* notwendig ist, aber mit dem Herzen, *wie* es am besten gemacht werden soll.

In dieser komplexen Form sehe ich die Rolle, die die Medizin unserer Tage im Rahmen und im Bunde mit den Naturwissenschaften zu erfüllen hat. So lebt sie der Aufgabe und dem Wahlspruch der Akademie

„Theoriam cum praxi coniungere"

in einer Weise, die sich von einem fruchtlosen Praktizismus theoretischer Probleme ebenso fernhält wie von der bloßen Empirie ohne gesicherte theoretische Vorstellungen und Erkenntnisse.

Meine Damen und Herren!

Sie werden mir recht geben, daß diese Feststellung der zwingende Abschluß meiner Ausführungen ist.

Erstens führen sie uns an den Anfang unserer Akademie mit der genialen Konzeption ihres Gründers für den Inhalt und die Methode ihrer Arbeit.

Zweitens entsprechen sie in ihrer Aktualität den Aufgaben, die uns auch für die zukünftige Entwicklung der Akademie gestellt sind.

Denn auf diesem Felde sollte unabhängig von allen äußeren, insbesondere auch den ökonomischen und organisatorischen Gesichtspunkten jede der in ihr vertretenen Naturwissenschaften den harmonisierenden Ausgleich zwischen Theorie und Praxis finden.

Wenn LEIBNIZ um die Wende des 17. Jahrhunderts die unbefriedigende Situation der Wissenschaft seiner Zeit bemängelte (STEPHAN F. MASON), so dürfen wir heute mit Genugtuung feststellen, daß die moderne Naturwissenschaft sein Vermächtnis durch die Förderung der angewandten Naturwissenschaft und durch ihre bewußte Lenkung erfüllt.

Bei aller Einsicht in die wechselvollen Perioden ihrer Geschichte können wir die Zielstrebigkeit und die Kontinua einer Entwicklung nicht verkennen, von der es kein Zurück mehr gibt.

Verübeln Sie es aber dem Arzt im Mediziner nicht, wenn er bei aller Flucht nach vorn in die äußerste Peripherie wissenschaftlicher Erkenntnisse darauf aufmerksam macht, daß dabei auch die Mitte nicht verlorengehen darf. Das ist der Mensch und seine Interessen. Je weiter er seine Herrschaft über die Natur ausdehnt, um so größer ist die Gefahr, daß er die Herrschaft über sich selbst verliert.

Beim Aufbruch in das dritte Jahrtausend muß er sich klar darüber werden, daß er mit dem Vorstoß in die ultramikroskopische Welt zwar den Schlüssel zum Leben, mit dem Vorstoß in die Geheimnisse der Kernspaltung aber auch den Schlüssel zu seiner Vernichtung in der Hand hält.

Das Ethos im Bewußtsein seiner wissenschaftlichen Macht fordert deshalb von ihm, seine Forschung so auszurichten, daß sie dem Menschen dient, seine Entwicklung fördert und seine Gesundheit erhält.

Diese Aufgabe bedeutet in der Entwicklung wie in der Anwendung nicht nur eine individuelle, sondern auch eine gesellschaftliche Verpflichtung.

In ihr verkörpern sich der lebendige und fortschrittliche Geist und die Bedeutung der

modernen Medizin als einer Naturwissenschaft!

Es wurden Ausschnitte aus folgenden Filmen gezeigt:

1. *Ovulation und Eitransport bei der Ratte*
   R. I. Blandau, Washington

2. *Befruchtung des Kanincheneies*
   Frommolt und Reinicke, DZL

3. *Die Primitiventwicklung von Amblystoma mexicanum Cope*
   G. Uschmann, Jena

4. *Zyklus der Frau*
   H. Lax, DZL

Quellennachweis für die Abbildungen

BUMM, E.: Grundriß zum Studium der Geburtshilfe. J. F. Bergmann, Wiesbaden 1912. (Abb. 16)

FALLS, F. H. & HOLT, CHARLOTTE, S.: Atlas of obstetric complications. J. E. Lippincott Company, Philadelphia-Montreal. (Abb. 13)

FISCHEL: Lehrbuch der Entwicklung des Menschen. J. Springer, Wien-Berlin. (Abb. 2 und 3)

GROSSER: Frühentwicklung, Eihautbildung und Plazentation. J. F. Bergmann, München 1927. (Abb. 5)

LANGREDER, W.: Die externe Tokometrie. Zwanglose Abhandlung aus dem Gebiet der Frauenheilkunde. Band 25. Thieme-Verlag, Leipzig. (Abb. 20)

MARTIUS, H.: Lehrbuch der Geburtshilfe. Thieme-Verlag, Stuttgart 1952. (Abb. 14, 17 und 19)

SEITZ, L.: Fortpflanzung, Geschlechtlichkeit, physozelluläre Wirkungseinheit. Urban & Schwarzenberg, München-Berlin. (Abb. 4)

SHETTLES, LANDRUM, B.: Ovum humanum. Urban & Schwarzenberg, München-Berlin. (Abb. 1)

STOECKEL: Lehrbuch der Geburtshilfe. Thieme-Verlag, Leipzig 1951. (Abb. 18)

Bei Fragen zur Produktsicherheit wenden Sie sich bitte an:
If you have any questions regarding product safety,
please contact:

Walter de Gruyter GmbH
Genthiner Straße 13
10785 Berlin
productsafety@degruyterbrill.com